「十三五」国家重点图书出版规划项目

画说全株玉米青贮质量与安全控制技术

中国农业科学院组织编写

张养东　郑楠　王加启　主编

中国农业科学技术出版社

图书在版编目（CIP）数据

画说全株玉米青贮质量与安全控制技术 / 张养东，郑楠，王加启主编.—北京：中国农业科学技术出版社，2020.12

ISBN 978-7-5116-5090-0

Ⅰ.①画… Ⅱ.①张… ②郑… ③王… Ⅲ.①青贮玉米—质量管理—安全管理—图解 Ⅳ.①S513-64

中国版本图书馆 CIP 数据核字（2020）第 247689 号

责任编辑	金　迪　崔改泵
责任校对	贾海霞
出 版 者	中国农业科学技术出版社
	北京市中关村南大街12号　　邮编：100081
电　　话	（010）82109194（编辑室）　（010）82109702（发行部）
	（010）82109709（读者服务部）
传　　真	（010）82109698
网　　址	http://www.CASTP.cn
经 销 者	各地新华书店
印 刷 者	北京地大天成文化发展有限公司
开　　本	880mm×1 230mm　1/32
印　　张	3
字　　数	78千字
版　　次	2020年12月第1版　　2020年12月第1次印刷
定　　价	32.00元

编委会

《画说『三农』书系》

郭利亚　河南科技学院

纪中良　山东五征集团有限公司

范伟辉　山东宝来利来生物工程股份有限公司

李树聪　栾广春　武汉科立博牧业科技有限公司

周小乔　青岛农业大学

何文娟　明日达（北京）科贸有限公司

刘仕军　杨鹏标　上海牧高生物科技有限公司

臧长江　崔　彪　新疆农业大学

王加启　张养东　郑　楠　赵圣国　赵连生
　　中国农业科学院北京畜牧兽医研究所

李发弟　李　飞　兰州大学

张　浩　山东爱牛士畜牧服务有限公司

万发春　张佩华　沈维军　兰欣怡　湖南农业大学

郭同军　张俊瑜　新疆畜牧科学院

王连群　塔里木大学动物科学学院

序言

《画说『三农』书系》

农业、农村和农民问题，是关系国计民生的根本性问题。农业强不强、农村美不美、农民富不富，决定着亿万农民的获得感和幸福感，决定着我国全面小康社会的成色和社会主义现代化的质量。必须立足国情、农情，切实增强责任感、使命感和紧迫感，竭尽全力，以更大的决心、更明确的目标、更有力的举措推动农业全面升级、农村全面进步、农民全面发展，谱写乡村振兴的新篇章。

中国农业科学院是国家综合性农业科研机构，担负着全国农业重大基础与应用基础研究、应用研究和高新技术研究的任务，致力于解决我国农业及农村经济发展中战略性、全局性、关键性、基础性重大科技问题。根据习总书记"三个面向""两个一流""一个整体跃升"的指示精神，中国农业科学院面向世界农业科技前沿、面向国家重大需求、面向现代农业建设主战场，组织实施"科技创新工程"，加快建设世界一流学科和一流科研院所，勇攀高峰，率先跨越；牵头组建国家农业科技创新联盟，联合各级农业科研院所、高校、企业和农业生产组织，共同推动我国农业科技整体跃升，为乡村振兴提供强大的科技支撑。

组织编写《画说"三农"书系》，是中国农业科学院在新时代加快普及现代农业科技知识，帮助农民职业化发展的重要举措。我们在全国范围遴选优秀专家，组织编写农民朋友用得上、喜欢看的系列图书，图文并茂展示先进、实用的农业科技知识，希望能为农民朋友提升技能、发展产业、振兴乡村做出贡献。

中国农业科学院党组书记　张合成

2018年10月1日

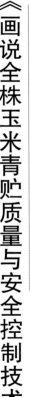

前言

《画说全株玉米青贮质量与安全控制技术》

青贮饲料是奶牛、肉牛、羊等草食畜种粗饲料的主要组成部分，是非常优质的粗饲料。饲喂优质、安全的全株玉米青贮能够减少精饲料的投入量，提高养殖效益，降低养殖成本，是畜牧养殖业内共识，将青贮玉米作为主要粗饲料也是我国今后草食畜牧业发展的趋势。

市场上出售的有关青贮饲料加工的图书很多，但是内容主要偏重青贮原理，针对青贮饲料制作操作实践的内容不够完整，在终端养殖户需求上，养殖场（户）极度需要拿到手就能比对着操作的技术。因此，本书用图片这种简单易懂、一看就清楚、一学就会的形式，直观地阐述了全株玉米青贮制作的每一个关键点，让有志于制作高质量全株玉米青贮饲料的操作人员，都能掌握实用的技术。

本书虽然以现场操作的图片为主，但是图片里面都吸收应用了最新的青贮研究成果，有兴趣的读者可以延伸查阅相关文献。

本书共有60位专业人员参与，包括20位研究人员，40位牧场青贮实践人员，历时5年时间，收集整理制作全株玉米青贮的现场图8 000余张，筛选出用于本书出版的图片。希望本书能够以全新的方式，满足读者对制作高质量全株玉米青贮方面的技术需求，如果能够激发读者对某一技术进一步研究的兴趣，那更是编者的荣幸。

本书在收集整理图片的过程中，力争对每一幅图片的场景都如实记录，如有标识不周之处，敬请原作者多多包涵！

编　者
2020年9月23日

Contents 目　录

第一章

概　述

一、全株玉米青贮的定义

全株玉米青贮是以全株玉米为原料，植株经过适当的切割，籽粒经过适当的破碎，置于密封的青贮设施中，在厌氧环境下进行以乳酸菌为主导的发酵过程，导致pH值下降抑制微生物的存活，得以长期保存的饲料。全株玉米青贮的制作流程如图1-1所示。

图1-1　全株玉米青贮制作流程

二、制作全株玉米青贮的目的

（一）保留青绿饲料的营养成分

玉米植株成熟和晒干过程中，因落叶、氧化和光化等，营养物质总损失达40%（图1-2）。

青贮玉米植株能够保留住玉米的青绿、鲜嫩，营养物质总损失率只有10%（图1-3）。

图1-2　成熟玉米植株　　　　图1-3　青贮玉米制作

全株玉米青贮具有能值高、易消化、松软、芳香、适口性好、保存期长、成本低等优点，特别在营养成分上，青贮饲料与秸秆相比，总营养物质损失率降低30个百分点，维生素损失率可降低80个百分点（图1-4）。

（二）保障青绿饲料全年供给

青贮玉米是饲养草食动物的优质饲料。同一时间制作的青贮玉米，由于在同一环境条件下发酵、贮存，制成的青贮玉米营养均一、质量稳定，可实现全年青绿饲料的持续、有效、稳定供应（图1-5）。

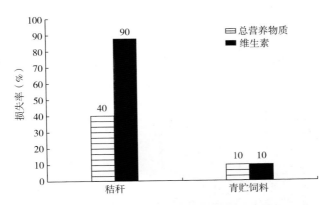

图1-4　青贮饲料与秸秆总营养物质和维生素的损失率

图1-5　大型青贮玉米窖

（三）持续稳定提供优质青贮饲料

制作好的青贮玉米作为一种重要饲料原料，由于营养均一、质量稳定，能很好保障动物饲料配方的稳定，保证动物摄食营养均衡，并且可以一年四季使用，特别在冬季等气候寒冷的季节或地区，广受欢迎。

　　在我国北方大部分地区，入冬后天气寒冷，积雪覆盖地面，青绿饲料匮乏，且冬季时间长，有些区域牛羊等主要家畜动物半年以上吃不到青绿多汁饲料，而青贮玉米可以有效解决冬季无青绿饲料的问题（图1-6）。

夏季青绿饲料资源丰富　　　　冬季青绿饲料资源匮乏

图1-6　夏冬季饲料原料对比

　　青贮玉米制作过程严格要求压实、密封，从而保障青贮窖内厌氧环境，雨、雪等外界自然条件的变化对青贮窖中的青贮玉米质量影响较小，制作好的青贮饲料可实现全年稳定提供畜牧生产所需的青贮饲料（图1-7）。

图1-7　冬季青贮窖外观

（四）提高玉米植株和玉米籽粒的利用效率

玉米青贮饲料既是青绿多汁饲料，又可代替部分粗饲料和精饲料，饲养优势十分明显。在奶牛生产试验中，发现泌乳奶牛饲喂全株玉米青贮组，与饲喂等量黄贮组相比，日产奶量提高3.27kg（图1-8）。

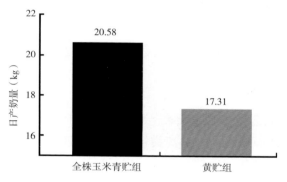

图1-8　全株玉米青贮与黄贮对奶牛产奶量的影响

在湖羊饲养试验中，选择湖羊断奶公羔为研究对象，进行全株玉米青贮和黄贮饲喂。结果显示，饲喂全株玉米青贮组的湖羊断奶公羔，与饲喂等量黄贮组的相比，日增重提高了24.64%（图1-9）。

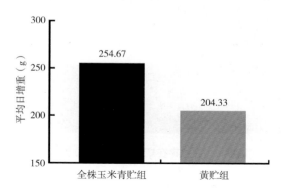

图1-9　饲喂全株玉米青贮与黄贮对湖羊增重的影响

第二章

建设青贮窖

第一节　建设青贮窖

一、青贮窖选址

青贮窖应选择在地势高燥、避风向阳、排水良好、土质坚硬的位置，要靠近饲喂场所，远离粪场污池。特别是与场区外要有单独的道路连通，便于运输储备青贮；切忌运输料车穿行生产区和粪污处理区（图2-1）。

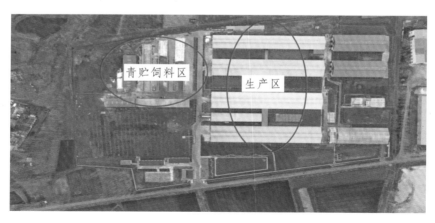

图2-1　青贮窖在规模牧场中的位置示意

青贮窖在牧场的上风向，排水良好，要求取用方便、易管理（图2-2）。

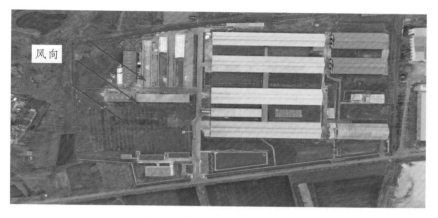

风向

图2-2　青贮窖所处位置风向

二、青贮窖宽度

需要根据畜群（种类、数量、结构比例）和原料情况确定青贮窖的容积，长、宽、高有一定比例要求，宽度的设计需满足以下条件。

$$\frac{\text{动物总数量（头）} \times \text{每日青贮需求量（kg/头）}}{\text{压实密度（kg/m}^3\text{）} \times [\text{青贮窖高度（m）} \times 0.3]} \leqslant \text{青贮窖宽度（m）}$$

通常情况下，奶牛的每日青贮需求量，成母牛一般为25kg/头，育成牛一般为12kg/头；成年肉牛的每日青贮需求量一般为15kg/头。

生产中，在一定宽度限定情况下，对青贮取料深度也有要求。日常取用青贮窖中的青贮玉米时，每天在青贮窖中取料深度要达到30cm以上（图2-3）。

因此，青贮窖的建造应考虑机械作业的需求，尤其是规模养殖场中必须考虑取料车的宽度，青贮窖的宽度通常为取料车宽度的2倍以上（图2-4）。

图2-3　取料车取料　　　　　图2-4　一种取料车示例——铲车

三、青贮窖高度

青贮窖的高度与其设计的宽度关系密切，高度需要满足以下条件。

$$青贮窖高度（m）\geqslant \frac{青贮窖宽度（m）}{5}$$

同时，生产实践设计中青贮窖的高度一般不高于5m，不低于2m。

四、青贮窖长度

青贮窖的长度需考虑场地、环境、布局等各种因素，同时兼顾设计的宽度和高度。根据建造青贮窖的位置决定，青贮窖长度不宜超过100m（图2-5）。

图2-5　某规模养殖场青贮窖长度

五、青贮窖数量

建造青贮窖的数量，首要考虑的是畜群数量，兼顾牲畜种类、结构比例和原料情况等，养殖发展规划也是一个重要因素。青贮窖的数量可参考以下公式测算。

$$\frac{青贮饲料年需要量}{每窖青贮饲料重量}=$$

$$\frac{动物总数量（头）\times 每日青贮需求量（kg/头）\times 365（天）}{压实密度（kg/m^3）\times 青贮窖容积（m^3）}$$

六、青贮窖墙体

地面上建设带墙体的青贮窖，空间上通常呈上宽下窄的形状，窖壁倾斜度一般为1∶0.2。窖壁应光滑、不透水、不透气（图2-6）。

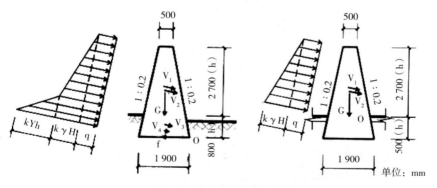

图2-6　青贮窖墙体设计

边墙和间墙建造要求不同。边墙要求窖内地面标高高出基底0.8m，窖外标高低于窖内的地面标高。间墙要求两侧地面标高相同且高出基底0.5m，是较为经济的建造模式。注意墙体每间隔10～

20m设置一道伸缩缝。青贮窖墙体厚度60～120cm，硬度C30～C35。对于墙体是上下垂直，还是斜坡，对青贮窖均影响不大，各有优缺点。

七、青贮窖墙宽

青贮窖窖墙宽度至少在1m以上。雨季时，窖与窖之间不存水，也易于压窖（图2-7）。如果青贮窖窖墙宽度太窄，窖与窖之间容易存水，影响青贮质量（图2-8）。

图2-7　青贮窖窖墙

图2-8　青贮窖墙体过窄

八、青贮窖坡度

不同类型的青贮窖坡度不同。地上式青贮窖底面坡向窖口，整体向取料口方向倾斜，坡度为0.5%～1%（图2-9）；半地下式和地下式青贮窖底面坡向窖底，坡度为12.5%。

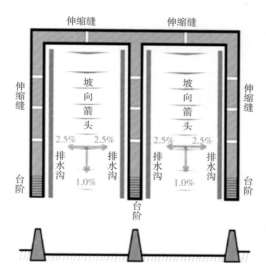

图2-9　青贮窖坡度

九、青贮窖窖底排水沟

青贮玉米制作与贮存过程需要严格的厌氧环境，应避免物料与空气接触，引起变质。青贮窖的窖底不建议设置排水沟，避免空气进入青贮窖（图2-10）。

十、青贮窖地面高度

地上青贮窖的地面设计标高应高于窖外标高至少30cm（图2-11），并充分考虑其承载能力，宽度和长度根据动物饲养量、场地等确定。

 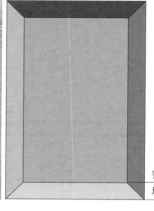

窑面高度
地面高度
≥30cm

图2-10　青贮窑窑底　　　　　图2-11　青贮窑高度设置

十一、青贮窑的类型

主要分为地上式青贮窑、地下式青贮窑。有窑墙的地上式青贮窑的优点为压实容易，易于管理，适用于所有养殖场；无窑墙的地上式青贮窑的优点为选址灵活，便于操作，适用于场地大、牧场养殖规模较大的养殖场（图2-12和图2-13）。

图2-12　有窑墙的地上式青贮窑

图2-13 无窖墙的地上式青贮窖

第二节 准备青贮窖

制作青贮玉米之前，对青贮窖及青贮场地的预先检查必不可少，包括墙体、地面、窖内外卫生状况等，并及时采取修补、修整、清扫、消毒等方式做好青贮窖使用前的各项准备。

一、检查墙体和地面

带有墙体的青贮窖，需要重点对所有墙体、墙面进行检查，查看窖墙和地面是否出现风化、破裂、损坏、裂缝、坑注等情况，发现有问题及时进行补修，特别是墙壁出现开裂、缝隙，要即刻修补，保证青贮制作密封时不漏气（图2-14）。

图2-14 青贮窖墙体裂缝

二、清扫卫生

青贮窖墙体和地面检查并修补完后，对窖内地面、内壁、窖墙上下进行一次全面清扫，需要将尘土、落叶、垃圾污物、零散青贮余料等一切杂物进行全面清理，青贮窖使用前必须保持窖内干净（图2-15）。

图2-15 青贮窖内卫生状况

条件允许的情况下，对卫生状况较差，难以直接清扫干净的青贮窖，在准备使用前，也可根据场内条件，接入水管，用净水进行窖内地面、墙面的冲刷、清洗，并预留时间保证窖内充分晾干（图2-16）。

图2-16 青贮窖高压水枪清洗

三、消毒

为保证良好的青贮制作效果，清洗好的青贮窖需进行消毒处理。可选择自然条件下太阳暴晒3天以上进行消毒，或使用专门的消毒剂进行消毒。消毒剂一般为1%～2%漂白粉溶液或碘制剂溶液。消毒方式可以选择机喷式消毒（图2-17），也可选择人工喷雾器式消毒（图2-18）。

图2-17　青贮窖机喷消毒

图2-18　青贮窖人工喷雾器消毒

第三章

设备选择

第一节　收割设备选择

全株青贮饲料制作设备可分为收割设备和制备设备。根据作业地点不同，可分为场地作业设备和现场作业设备；根据作业量大小不同，可分为大、中、小型设备；根据行走方式不同，可以分为轮式和履带式设备。

设备的选择要根据作业规模和收割地块的情况确定，通常还要注意满足畜牧养殖对于切割、破碎质量的要求。

一、收割粉碎设备

（一）铡切破碎设备

小型玉米秸秆粉碎机适用于小规模养殖场，常将整株玉米秸秆运至场地进行加工，造价低、投入少，设备要求低，但粉碎效果差且制作过程中存在安全隐患，作业效率约15t/h（图3-1）。

图3-1　小型青贮切碎机

（二）大型青饲料收获机

大型青饲料收获机作业幅宽3.5m以上，配有籽粒破碎、水分和干物质检测等功能，适合于成方连片耕地，单块面积大于50亩（1亩≈667m²，全书同），耕地长度>100m，使用时配套拖车作业（图3-2）。

图3-2　大型青饲料收获机

（三）中型青饲料收获机

中型青饲料收获机作业幅宽2.6～3m，配有籽粒破碎等功能，适合于相对平整耕地，单块面积大于10亩，耕地长度大于50m，使用时配套拖车作业（图3-3）。

图3-3　中型青饲料收获机

（四）小型青饲料收获机

小型青饲料收获机作业幅宽2.6m以下，可选择安装籽粒破碎装置，适合于相对平整耕地，单块面积大于2亩，耕地长度小于50m，单机作业（图3-4）。

图3-4 小型青饲料收获机

二、青贮打捆裹包设备

（一）大型裹包一体设备

大型裹包一体设备集打捆和包膜一体，所产捆包重量在800~1 000kg，作业效率约60t/h（图3-5）。

图3-5 大型裹包一体设备

（二）大型裹包分体设备

大型裹包分体设备包括打捆和包膜两套分体设备，可分别协同和独立作业，单捆重量800kg左右，作业效率约30t/h（图3-6）。

图3-6 大型裹包分体设备

（三）小型裹包一体设备

小型裹包一体设备是将收割后的新鲜玉米植株切碎后，用打捆机进行高密度压实打捆，然后通过裹包机用青贮塑料拉伸膜裹包起来，形成一个厌氧发酵环境。适合小规模作业，捆体积小，重量在40～100kg，作业效率约1 500kg/h（图3-7）。

图3-7 小型裹包一体设备

（四）青饲料收割打捆一体机

收割粉碎到裹包完成过程是青饲料制作最为关键的环节，这个过程存在物料损失、汁液流失、霉变和外界污染等诸多因素，直接影响和决定了饲料的品质，为缩短该过程，收割打捆一体机应运而生（图3-8）。

图3-8　青饲料收割打捆一体机

第二节　运输设备选择

运输车辆选择

一般在大型种植基地选用自走式联合收割机刈割玉米植株，在收割的同时可将原料切碎，运送至青贮窖直接利用，青贮玉米运输车宜选择带自动卸料装置的运输车辆（图3-9）。

图3-9　青贮玉米运输车

第三节 压实设备选择

一、建议选择轮胎式压实设备

青贮制作过程中，需要快速将切碎的青贮原料压实后进行密封，一般用拖拉机或铲车进行压实。青贮玉米制作中，压实设备可选择50铲车或是宽口径轮胎自重较大的车辆（图3-10）。

图3-10 压实设备

生产经验表明，四轮拖拉机压实效果较好，但要注意青贮窖边角位置的压实操作。压实前，建议轮胎的胎压应尽可能高（图3-11）。

图3-11 压实设备轮胎的胎压测量

压实设备使用前，应清洗压实设备与青贮料的接触面，避免压实设备残留的污染物影响青贮质量（图3-12）。

图3-12　压实设备清洗

二、不建议使用链式压实设备

在青贮制作的压实设备中，链式机械压实设备虽然推力大、质量重，但链式的坚硬履带链条容易破坏植株细胞壁，造成胞质流失，极大影响青贮品质，生产中不建议选择使用（图3-13）。

图3-13　不宜使用链式压实设备

第四章

青贮玉米品种和种植管理

第一节　青贮玉米品种

一、青贮玉米品种类型

青贮玉米可分为专用型（图4-1）、通用型、兼用型和饲草型等。

图4-1　专用型青贮玉米——北农青贮3651

（一）专用型青贮玉米

专用型青贮玉米的生物产量潜力大，在同等条件下其生物鲜重和干重产量均显著超过大田籽粒玉米，品质能达优质青贮规定指标，并作为青贮玉米通过品种审定。其特征是持绿性好，植株淀粉含量较高（30%左右），中性洗涤纤维含量较低（45%以下），如北农青贮玉米368（图4-2）。

图4-2　北农青贮玉米368

（二）通用型青贮玉米

通用型青贮玉米既能作为大田籽粒玉米种植，又能作为青贮玉米种植，且能达到优质高产青贮玉米标准，并通过大田籽粒玉米和青贮玉米两种类型的品种审定。其特征是综合性状优良，籽粒产量和生物产量均较高，全株淀粉含量高（35%左右），中性洗涤纤维含量低（40%以下）等，但是干物质产量较低、持绿性较差，如京科968（图4-3）。

图4-3　通用型青贮玉米京科968

（三）饲草型青贮玉米

饲草型青贮玉米在正常种植条件下，只能生长繁茂的茎叶，没有或很少生长籽粒，属于一类特殊的青贮专用型品种。通常的大田籽粒型玉米品种、青贮专用型和农家种等群体在超高密度下种植，也能成为饲草型。其特征是穗小、籽粒少、晚熟、植株高大、持绿性好、品质差，全株淀粉含量一般低于15%，中性洗涤纤维含量一般高于55%，如图4-4所示。

图4-4　饲草型青贮玉米

二、青贮玉米与籽粒玉米、饲草玉米的区别

（1）收获期。青贮玉米适宜收获期籽粒乳线在1/4～3/4处（图4-5），含水量60%～70%，最佳收获期籽粒乳线在1/2处，含水量65%左右。普通玉米在黑层出现以后收获（图4-6），机收需要籽粒脱水到25%左右收获。

（2）收获部位。青贮玉米全株收获，普通玉米收获籽粒。

（3）生物量（干物质产量）。青贮玉米高，普通玉米低。

（4）淀粉含量。青贮玉米低（25%～35%），普通玉米高（>30%）。

（5）全株中性洗涤纤维含量。青贮玉米为35%～50%，普通玉米<45%，饲草玉米>55%。

（6）秸秆（茎叶）纤维品质——中性洗涤纤维降解率（NDFD）。青贮玉米好，普通玉米较差，饲草玉米较好。

（7）植株特点。①青贮玉米植株较高、比较繁茂、持绿性好；②普通玉米植株矮、茎秆细、坚硬、叶片窄小、持绿性差；③饲草玉米植株高大、繁茂、无果穗或结实性差、持绿性好。

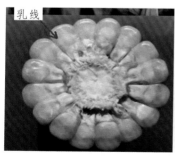

图4-5　青贮玉米收获期籽粒乳线

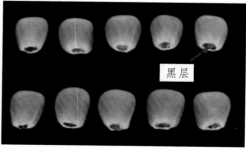

图4-6　普通玉米收获期籽粒黑层

三、评价青贮玉米产量和品质的指标

（1）生育期适宜，干物质含量高。生育期比同一生态区的普通玉米不晚于10天，一般当同一生态区普通玉米对照品种黑层出现时，青贮玉米品种乳线位置≥1/2，干物质含量大于30%，以35%左右最佳。

（2）抗倒性好，适合机械化收获。倒伏倒折率之和≤8.0%，适合机械化收获，比普通玉米抗倒性要求更严格。

（3）抗病性好。东北、华北、西北春玉米类型区，大斑病（图4-7）、小斑病（图4-8）、弯孢叶斑病（图4-9）、茎腐病（图4-10）及南方锈病（图4-11）等田间自然发病和人工接种鉴定均未达到高感。

（4）生物产量高。生物产量比同一生态区的普通玉米高20%以上。一般东北、华北中晚熟玉米，鲜重每亩4.5t以上，干重1 500kg以上；黄淮海地区，鲜重每亩4t以上，干重1 200kg以上。

图4-7　玉米大斑病叶片

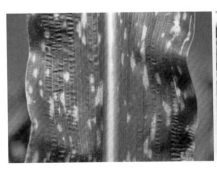

图4-8　玉米小斑病叶片

图4-9　玉米弯孢叶斑病叶片

图4-10 玉米茎腐病　　　　　　图4-11 玉米锈病叶片

（5）品质优良。淀粉含量≥25%，中性洗涤纤维含量≤45%，酸性洗涤纤维含量≤23%，粗蛋白含量≥7%。

四、青贮玉米品种选择

（1）选择通过审定的青贮玉米品种。选择通过国审或省审的适合本区域种植的青贮玉米品种。避免种植后给农业生产带来很大的风险。

（2）选择生育期适宜的青贮玉米品种。青贮玉米的最佳收获期乳线在1/2处，即玉米籽粒熟期在蜡熟期，选择比同一生态区的普通玉米品种晚熟10天左右的青贮玉米品种是合适的。生育期过早的品种会浪费光热资源，不能获得较高的干物质产量，生育期过于晚熟的青贮玉米品种会影响玉米的品质和产量，甚至影响饲喂价值。

（3）选择高产潜力品种。生育期相近的青贮玉米品种产量潜力相差很大，选择增产潜力大、抗逆性强、适应性广的品种。

（4）选择抗病耐病品种。不同地区主要病害的种类和发病的程度不同，如玉米丝黑穗病、玉米大斑病、玉米茎腐病等是玉米生产的主要病害。

（5）多熟期多品种合理搭配。根据不同生产水平的奶牛、肉牛、羊等不同反刍动物对产量和品质的不同需求，选择不同类型的品种，如饲草玉米、专用型青贮玉米、粮饲通用型玉米、粮饲兼用型玉米等。多熟期多品种的条带间隔搭配种植，如早熟、中熟和晚熟品种按25%-50%-25%搭配，可减少中早熟品种由于干旱引起的花期不遇、授粉不良而导致的减产，同时既能使长生育期品种充分利用光热资源，又可减少秋早霜的危害程度。多熟期品种的搭配种植，可增加玉米的遗传多样性，减少因品种抗性丧失带来的损失。

（6）选择高质量的种子。在现阶段，我国衡量种子质量的指标主要包括品种纯度、种子净度、发芽率和水分4项。国家对玉米种子的纯度、净度、发芽率和水分4项指标做出了明确规定，一级种子纯度不低于98%，净度不低于98%，发芽率不低于85%，水分含量不高于13%；二级种子纯度不低于96%，净度不低于98%，发芽率不低于85%，水分含量不高于13%。

五、最适收获期和最佳收获期

青贮玉米的最佳收获期乳线在1/2处，此时青贮玉米植株具有较高的生物产量和淀粉总量，其青贮后中性洗涤纤维（NDF）和酸性洗涤纤维（ADF）的含量最低，消化率最高。同时具有适宜青贮的最佳含水量，一般含水量在65%～70%。根据田间收获的实际情况，最适收获期乳线在1/4～3/4处。

第二节 青贮玉米种植区域

一、适宜区域

青贮玉米的适宜种植区域十分广泛，除<1 900℃年积温（或夏季平均气温<18℃）或年降水量<350mm且无灌溉条件的气候区生产水平较低外，其余气候皆适宜种植。

我国青贮玉米分布很广，主要集中在东北、华北和西南地区，大致形成一个从东北到西南的斜长形玉米栽培带（图4-12）。

图4-12 全国主要青贮玉米产区示意

二、地块选择

玉米喜沙壤，忌强酸和盐碱。种植青贮玉米应选择交通方便、土层深厚、质地较疏松、富含有机质、肥力中等、保水保肥性强、pH值5.5～7.5、排水良好、土壤通气性良好的地块。

第三节 青贮玉米种植和田间管理

一、青贮玉米种植

（一）土地整理

青贮玉米根系较为发达，所以要求土地深耕，耕翻深度为15～25cm。翻地后做好细耙、耱平和压实保墒工作，做到地面平整、无根茬、耕层上虚下实（图4-13）。

出于抢农时或在一些土壤水肥条件较好、土质较为松软的地块，对地面的残茬处理完后亦可采取免耕播种。

播种之前应结合耕作施足基肥，基肥应以有机肥为主，根据当地生产条件，一般腐熟的农家肥施用量为1.8～3t/亩。

图4-13 土地整理

（二）种子处理

在有条件的地方，尽量采用含有杀虫剂、杀菌剂和微量元素的玉米专用包衣剂对种子进行包衣处理（图4-14）。为抢农时，土壤水分条件好时，对于非包衣种子，可以考虑采取浸种催芽措施。

图4-14　青贮玉米包衣种子

（三）播种时期

青贮玉米播种应选择适合的墒情及时播种，且一般在10cm土层，温度稳定在8～10℃时可以播种。北方春玉米区大多在4月下旬至5月上中旬播种。夏、秋、冬玉米通常于前茬作物收获后播种。夏播越早越好，以在霜冻前玉米能长到乳熟末期为宜。

（四）种肥

根据所选地块土壤肥力，播种时施用种肥，一般种肥的施用量为氮肥（N）1.5～2.5kg/亩，磷肥（P_2O_5）13～24kg/亩，钾肥（K_2O）18～24kg/亩（图4-15）。

图4-15　土地施肥

（五）播种方式及播种量

青贮玉米的播种方式有点播和条播等，点播的适宜播种量为2～3kg/亩，条播的适宜播种量为3～4kg/亩，株距25～35cm，行距45～60cm为宜，保苗4 000～5 000株/亩（图4-16）。

图4-16　青贮玉米播种

二、青贮玉米的田间管理

（一）定苗

青贮玉米4～5片叶时定苗最佳，此时需要及时定苗，保留生长状况最好的植株个体（图4-17）。最适种植密度为5 000～6 000株/亩，如密度过大应及时间苗，若有缺苗应及时补苗。

图4-17　青贮玉米定苗

（二）中耕除草和培土

中耕除草是青贮玉米田间管理的一项重要工作，它不仅可以增加土壤孔隙度，促进土壤中空气的流动，还可以促进根系发育并消灭杂草。一般以3次中耕为宜：第1次在间苗后、定苗前进行，深度4cm左右较好；第2次在定苗后进行，深度以10cm左右为宜；第3次结合追肥进行，不伤根即可（图4-18）。当玉米部分根系裸露或长出气生根时，应培土10cm以上，以防止倒伏，并促进后期生长发育。

图4-18　中耕除草和培土

（三）灌溉

青贮玉米叶片小于4片时不宜进行灌溉，拔节期及抽穗期等需水关键期应结合当地降水情况适时灌溉。其中，玉米抽雄前后10天是"需水临界期"，需水最多，对水分也最为敏感，这个时期必须进行灌溉（图4-19）。

图4-19 青贮玉米灌溉

（四）追肥

在施足底肥的基础上，每亩追施尿素30～40kg。拔节期施入总追肥量的1/3，孕穗期追施剩余的2/3，且应在下雨前追肥，若无降水则应浇水以提高肥效（图4-20）。

图4-20 土壤追肥

（五）病虫害防治

以预防为主，同时加强各时期病虫害监测，如若发现应及时采取措施，做到早发现早治理（图4-21）。青贮玉米苗期虫害主要有地下害虫、蓟马、黏虫和红蜘蛛等，病害主要有缺锌症和粗缩病；心叶末期和穗期虫害多为玉米螟和蚜虫，病害以纹枯病、黑穗病、圆斑病以及大斑病和小斑病最为常见。一般以化学防治为主，如使用农药，具体可参考《农药安全使用规范总则》（NY/T 1276—2007）。

图4-21 病虫害防治

第五章

收割运输卸料

第一节　青贮添加剂选择

根据实际需要，在青贮饲料加工调制过程中，针对性地选择使用不同的青贮添加剂可显著提高青贮的品质，进而获得更大的经济效益。

一、青贮添加剂分类

在全株玉米青贮饲料制作过程中，为了保证快速而良好的发酵过程，提高青贮饲料的发酵品质，常使用生物性青贮添加剂。目前青贮添加剂主要分为两类，一类是促进发酵的生物添加剂，主要包括同型发酵乳酸菌，如植物乳杆菌，见图5-1；另一类是提高青贮料有氧稳定性的生物添加剂，主要为布氏乳杆菌，见图5-2。

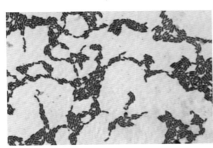
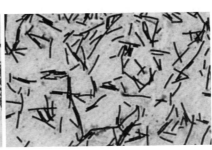

图5-1　植物乳杆菌　　　　　图5-2　布氏乳杆菌

在实际生产过程中，有时这两类添加剂会复合在一起，且很多商品制剂还加入了纤维素酶、半纤维素酶等酶制剂，以增加接种菌的发酵底物，提高发酵品质。图5-3是一个商品化的青贮添加剂的产品说明书，从说明书中可以看出其原料组成有乳酸片球菌、植物乳酸杆菌及其代谢产物、葡萄糖等。

● 产品成分分析保证值：	● 产品功效：
乳酸片球菌（CFU/g）：≥1.0×10⁹ 植物乳杆菌（CFU/g）：≥3.0×10⁸ 水分（%）：≤10 霉菌总数（个/kg）：<2.0×10⁷ 黄曲霉毒素B₁（μg/kg）：≤10.0 砷（mg/kg）：≤2.0 铅（mg/kg）：≤10.0	★优良的乳酸菌株能利用水溶性碳水化合物在很短的时间内大量生成乳酸，效率高，人工控制青贮过程，在最短的时间内降低pH值至适宜范围。

● 产品成分分析保证值：

乳酸片球菌（CFU/g）：≥$1.0×10^9$　　汞（mg/kg）：≤0.1
植物乳杆菌（CFU/g）：≥$3.0×10^8$　　镉（mg/kg）：≤0.5
水分（%）：≤10　　　　　　　　　杂菌率（%）：≤0.5
霉菌总数（个/kg）：<$2.0×10^7$　　大肠菌群（个/kg）：≤$1.0×10^5$
黄曲霉毒素B₁（μg/kg）：≤10.0　　沙门氏菌（CFU/25g）：0
砷（mg/kg）：≤2.0　　　　　　　致病菌：不得检出
铅（mg/kg）：≤10.0

● 原料组成：

本品由乳酸片球菌、植物乳杆菌及其代谢产物、葡萄糖等组成。

● 产品功效：

★优良的乳酸菌株能利用水溶性碳水化合物在很短的时间内大量生成乳酸，效率高，人工控制青贮过程，在最短的时间内降低pH值至适宜范围。

★乳酸能够有效地抑制霉菌的生长，从而减少贮窖开封后青贮饲料的有氧霉变。

★经对比试验，饲喂1t经本品处理过的青贮饲料比未处理过的可提高肉牛增重6.7磅，比国外其他同类产品提高增重3.2磅，牛奶产量分别提高47磅、23磅。

注：1磅约等于0.454kg

图5-3　商品化青贮发酵剂的产品说明

二、青贮添加剂的作用

为了提高青贮效果和保证青贮料品质，在青贮饲料中加入适当的添加剂，可以加快青贮速度，改善青贮饲料品质，提高青贮饲料利用率。从而达到促进乳酸菌发酵、抑制不良微生物发酵或者增加营养物质的目的。

（一）提高乳酸含量，降低pH值

在全株玉米青贮制作时，添加乳酸菌，提高青贮饲料的乳酸含量，使发酵更加充分，酸度值更高，有利于饲料的稳定保存（图5-4）。

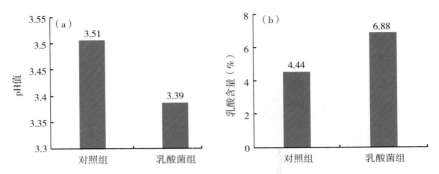

图5-4 使用青贮发酵剂对青贮pH值和乳酸含量的影响

（二）提高纤维的瘤胃降解率

在全株玉米青贮饲料中，添加乳酸菌后，瘤胃中性洗涤纤维的降解率与空白对照组相比显著提高。经过乳酸菌处理的全株玉米青贮饲料，纤维更易于被反刍动物消化，利用率更高（图5-5）。

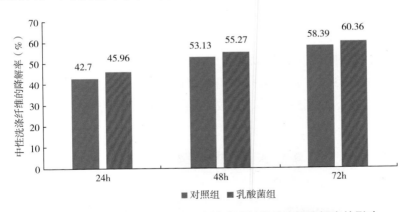

图5-5 使用青贮发酵剂对青贮中性洗涤纤维的瘤胃降解率的影响

（三）提高青贮料的有氧稳定性

在制作全株玉米青贮饲料时，添加异型发酵型乳酸菌，可显著提高青贮饲料中的乙酸含量，提高开窖后青贮饲料的有氧稳定性，防止青贮饲料的二次发酵，减少营养损失（图5-6）。

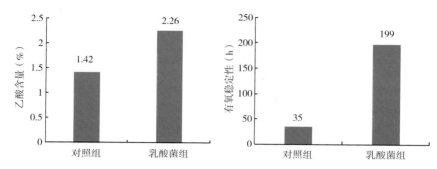

图5-6　使用青贮发酵剂对青贮中乙酸含量和有氧稳定性影响

三、青贮添加剂的使用方式

青贮添加剂的使用方式有多种，可根据制作青贮过程中的实际情况和操作方便性进行选择。

可以在收割机上使用自带喷洒设备进行添加剂喷洒（图5-7），实现边收边喷洒；也可以在青贮料传送到青贮窖过程中进行添加剂喷洒（图5-8）；还可以利用压窖设备在压窖过程中进行添加剂喷洒（图5-9和图5-10）。建议采用边收边喷洒的方式添加青贮添加剂。

图5-7　自带喷洒收割设备

图5-8　青贮料传送中喷洒

图5-9　压窖时机器喷洒　　　图5-10　压窖时人工喷洒

四、青贮添加剂使用注意事项

（1）青贮添加剂大多为生物活性制剂，建议在使用前，在适宜条件下（水温25～37℃）进行活化处理，提高效果（图5-11），当天配制，当天用完，不要隔夜使用。

图5-11　测定水温活化后使用添加剂

（2）青贮添加剂的用量须根据使用说明，按照推荐剂量使用，注意避免与有毒有害物质混合存放，开袋产品请尽快用完。

（3）青贮添加剂要求喷洒均匀。

（4）在制作全株玉米青贮时，遇到阴天和小雨，青贮添加剂正常使用即可；遇到大雨等恶劣天气，建议停止使用并停止青贮的收贮。

（5）当青贮全株玉米的干物质含量超过35%时，为了达到更好的发酵效果，建议增加青贮添加剂的使用量。

（6）在贴近青贮窖墙、顶层和封口处，为了防止霉变，建议加倍喷洒青贮发酵剂（图5-12）。

图5-12　青贮顶层加倍喷洒青贮发酵剂

第二节　收获日期评估

一、收获的标准

正确掌握玉米的收获期，是确保青贮玉米优质高产的一项重要措施。若在乳熟期就过早收获，植株中的大量营养物质正向籽粒中输送积累，籽粒中尚含有45%～70%的水分，全株的水分超过75%，制作青贮时大量流水，此时收获的青贮玉米干物质太低，且淀粉含量低，发酵后的品质也特别差。在乳熟期收获一般青贮中淀粉含量为10%～15%。若在完熟期后收获，这时玉米茎秆的水分较少，不利于青贮的调制，且植株易倒折，倒伏后果穗接触地面引起霉变，使产量和质量造成不应有的损失（图5-13）。

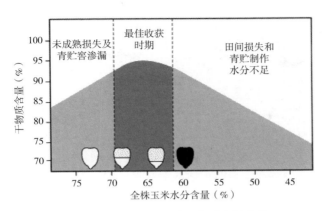

图5-13 全株玉米植株干物质含量变化

二、预先研判干物质含量

在玉米青贮收割前，需要对玉米的干物质含量进行预先研判，这样可以保证玉米收获最佳的干物质含量。通常认为，生长玉米植株底部叶片至少有4片枯干，或者玉米籽粒乳线在1/2以上，预估全株玉米的干物质含量在30%左右，具体预判如图5-14和图5-15所示。

图5-14 乳线在1/2以上的玉米籽粒

图5-15　4片以上枯干玉米叶片

三、第一次实际测定植株干物质含量

　　在玉米青贮收割前，还需要到青贮玉米地实际测定植株干物质含量，可以按照图5-16示例进行植株样品采集，每个地块至少取5个区域的植株2棵以上，保证样品有代表性。采集后进行粉碎，然后用微波炉快速测定或烘箱精准测定青贮玉米植株的干物质含量（图5-17和图5-18）。

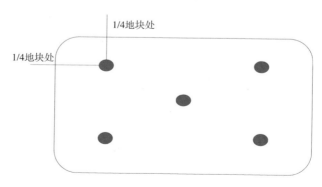

图5-16　青贮玉米种植地块取样点

1. 微波炉调挡到最大挡的80%
2. 设置4min，重复此步骤，直至两次重量相差在5g以内
3. 微波炉调挡到最大挡的30%
4. 设置1min，重复此步骤，直至两次重量相差在1g以内
5. 计算干物质含量

图5-17　测定干物质含量的微波炉及说明

图5-18　检测干物质含量的恒温干燥箱

四、估算收割日期

根据测定的植株干物质的含量，发现未达到最佳的收割干物质含量时，可以按照以下方法估算青贮的收割日期。

示例：估算收割日期

①乳线达到1/2，水分含量70%；②收割标准，水分含量65%。

晴天时，干物质每天增长0.6%，70-65=5个百分点干物质，5÷0.6/天≈8天。

五、查阅天气状况

青贮玉米收获制作期间，天气状况直接影响工作效率和青贮效果。因此，需要提前查询和掌握天气预报。通常查阅估算收割日期前后15天的天气情况，根据天气，适当调整收割日期（图5-19）。

图5-19　天气情况查询示例

第三节　收　割

一、留茬高度

青贮收割时的留茬高度一般不低于20cm，具体的留茬高度可以根据制作青贮需要选择（图5-20）。

图5-20　青贮玉米留茬高度

二、切割长度

青贮的切割长度在2cm以内，不应低于0.4cm肉眼可及范围，一般控制在1.7～2.2cm，不应见到完整籽粒，具体的切割长度根据青贮的干物质含量高低进行确定（图5-21）。

图5-21 切割长度

三、籽粒破碎标准

青贮中玉米籽粒的破碎很重要，直接影响淀粉的消化率，因此在制作青贮时必须高度重视玉米籽粒的破碎。一般使用1L的容器（图5-22）进行测定，均匀采集样品后置于容器中，装填压实到自然平后，倒出对整粒的玉米粒进行计数，根据粒数多少判断籽粒的破碎情况，具体判定标准为：优秀，无整粒；良好，≤2粒；一般，≤4粒；较差，>4粒。青贮制作过程中应每小时或每车检查玉米籽粒破碎情况。

图5-22 测定籽粒
破碎的容器

四、不合格的切割

青贮玉米不合格的切割包括出现拉丝现象、籽粒未能破碎、玉米棒破碎差等情况（图5-23至图5-25），应避免不合格切割情况的发生。

图5-23　拉丝现象

图5-24　籽粒未能破碎

图5-25　玉米棒破碎差

五、不合格破碎造成的饲料浪费

不合格破碎会造成玉米籽粒和植株的浪费，并且会造成玉米籽粒未被动物利用的现象（图5-26至图5-28）。未被利用的籽粒会出现在动物粪便中，粪便中淀粉含量每降低1%，每头牛每天可多产0.3kg奶，因此，要避免不合格切割导致的饲料浪费，提高饲喂效率。

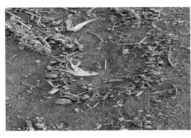

图5-26　籽粒浪费　　　　　　图5-27　植株浪费

图5-28　籽粒未被动物利用

六、不合格破碎造成的损失

青贮的籽实破碎不合格，动物摄食后籽实的营养物质不易被完全消化和吸收，造成营养物质的浪费。具体产生的经济损失情况，可按下面公式初步进行测算。

1t青贮饲料损失48.8元。

玉米芯：

玉米芯重量×损失比例×成本

（1t×8%）×90%×400元/t=28.8元

玉米籽实：

玉米籽实重量×损失比例×成本

（1t×50%）×10%×400元/t=20元

七、收割车与运输车完美配合

为保障青贮收割的及时和高效，在收割前还需要考虑整个收、贮、运过程，特别是青贮收割机与运输车辆的匹配性、同步性（图5-29），避免车等车、车赶车、空车、无车等现象，影响大田收割进度，降低青贮的收割效率。

收割前考虑的因素

① 收割速度与运输车等待数量

② 运输车装载青贮的高度

③ 车距和车速

图5-29 收割机和运输车辆田间配合

八、菌剂喷洒

菌剂喷洒的最佳时机是在收割时进行操作，边收割边喷洒的效果较好（图5-30）。一般收割机上都设置有菌剂的喷洒装置。

图5-30 带喷洒装置的收割机

第四节 运 输

一、运输车辆清扫

在青贮制作过程中，一定要注意运输车辆的清扫，每个运输车卸料完毕后要及时进行清扫，包括车厢和车轮都必须进行清扫，从而避免残留的青贮料或其他污染物影响青贮发酵（图5-31和图5-32）。

图5-31 清扫车厢

图5-32 清扫车轮

二、车辆消毒

有条件的牧场，每次运输前后，建议对车辆内外进行清扫和消毒。消毒时，可以选择在车辆进场时对车辆进行消毒，包括车厢内消毒和车轮消毒，见图5-33和图5-34。

图5-33 车厢内消毒

图5-34　运输车车轮消毒

三、运输速率

青贮收割和制作过程中，需要根据运输距离、车载重量、压窖设备数量等安排运输车辆的运输速度，即运料速率，做到青贮制作过程有序衔接。一般情况下，运输速率的标准为每小时运料1t，需要400kg的压实拖拉机重量（图5-35）。

图5-35　压窖中的大型拖拉机

四、运输时间

青贮玉米制作过程中，根据运输速率，还需要统筹运输车的运输时间，降低车辆积压或空等情况，提高工作效率。运输青贮原料的时间应控制在4h以内（图5-36）。

图5-36　青贮原料运输车辆

第五节　卸　料

青贮玉米应随收、随切、随运、随装、有序运送，其中卸料也是关键一环，需要引起重视。

一、第一车卸料的位置

在各类青贮窖中，制作青贮时，卸料需要按照一定次序方向。其中，第一车卸料的位置通常在窖高2倍的距离处，具体见图5-37。

二、序列卸料

青贮窖中，卸料按照一定的顺序进行，实行序列卸料，保证料

图5-37　第一车卸料的位置

有序堆放、车辆有序进出、推料和压实设备前后有序进退。通常情况在窖中线位置，从左到右的卸料是生产中较为常见的一种卸料顺序，具体见图5-38。

从左到右卸料

图5-38　卸料顺序

三、卸完料，立即推料压实

按顺序卸完料后，应立即对卸下的青贮玉米进行推料和压实操作，避免卸料后推料、压料不及时，造成青贮料长时间暴露于空气、水分蒸发变干等降低青贮饲料品质的情况（图5-39和图5-40）。

图5-39 卸料完成推料压实

图5-40 卸料后不及时推料压实

第六章

压实覆膜封窖

第一节　压　实

压实是青贮玉米制作的一个关键点。切碎的青贮原料，应逐层入窖，并用机械设备压实，特别注意将窖壁周边进行压实。

一、压实标准

制作青贮玉米时，在青贮窖中，青贮料的压实程度与其干物质含量密切相关。干物质含量越高压实密度就越大，干物质含量低压实密度相对就减小，具体见表6-1。以鲜重计，生产中一般压实密度需要控制在650 ~ 800kg/m³。

表6-1　不同青贮干物质压窖密度

干物质含量（%）	以干物质为基础的压实密度（kg/m³）	以鲜重为基础的压实密度（kg/m³）
30	225	750
35	250	715
40	275	688

二、压实厚度

在青贮制作过程中，青贮料逐层装入窖内并进行压实。对压实厚度有要求，通常情况下，每层压实厚度应控制在10cm以内（图6-1），以保证得到较好的压实密度，有利于青贮后期的窖内厌氧发酵。

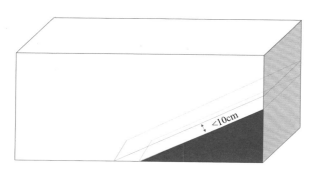

图6-1　青贮压窖厚度示意

三、压实设备车轮重叠面积

在压实操作过程中，多台压实设备同时作业，需要注意压实效果的有效性，比如选用两台以上大型拖拉机进行压实，每次车轮胎印和上次重叠1/3～1/2（图6-2），可以带来较好的压实效果。

图6-2　两台大型拖拉机压窖

四、压实设备行走方向和速度

多台压实设备作业时，还需要注意行进路线和速度，一般情况下压实设备应走直线（图6-3），不能在料面上转弯、打转，遇到调头转向等情况，最好直行或倒退至窖口外或青贮料区域外进行调整。压实设备行进的速度应保持匀速，一般为3～4km/h。

图6-3　青贮压实设备行走方向

五、压实面的斜度

压实中还需要注意斜度问题。斜度即青贮压实面的高度与斜面在一定比例条件下产生的角度，生产中通常比例为1∶4，角度为20°～30°（图6-4）。

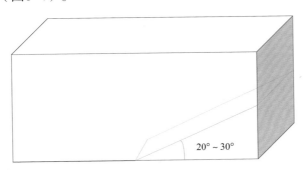

图6-4　青贮压实面斜度示意

六、窖顶压实时间

在压实过程中，窖顶的青贮需要注意不能过度压实，窖顶长时间过多次压实作业易造成顶部及四周松动，产生压不实的状况，严重的还能造成窖高下降、斜度减小，影响青贮窖结构稳定。通常青贮压实过程中窖顶压实4遍即可，不应压实时间过长（图6-5）。

图6-5　青贮窖斜面压实

七、压实程度评价方法

压实程度可以进行测定，为保证青贮制作效果，需要现场对青贮料的压实情况进行及时评估，以随时掌握和指导青贮制作进程和制作质量。生产现场简单的压实评价方法包括取样（图6-6）、称重（图6-7）、测体积（图6-8）、体积换算（图6-9）、计算等几个步骤。

测定出来的数据，再根据公式：压实密度=重量/体积，进行计算，然后对照前面的密度参考值即可判断压实的程度。

图6-6　取样

图6-7　称重

图6-8　测体积

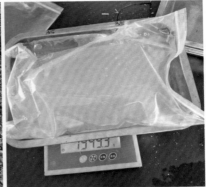

图6-9　体积换算

第二节　覆　膜

一、青贮覆膜的目的

利用不同种类青贮膜对青贮窖进行密封，目的是为青贮的发酵贮存创造长期稳定的厌氧环境，进而达到优质青贮的长期稳定保存（图6-10）。

图6-10　人工覆膜

二、青贮覆膜材料种类

根据青贮膜材料的不同一般可分为阻氧膜和普通聚乙烯膜（黑白膜、透明膜等），其中阻氧材料以EVOH（乙烯-乙烯醇共聚物）为主，与普通聚乙烯膜相比，阻氧膜的阻氧效率一般为普通聚乙烯膜的100倍（图6-11）。

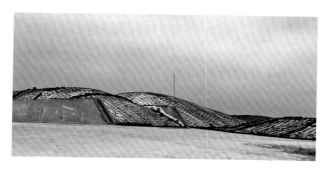

图6-11　覆膜后的青贮窖

青贮贮存过程中阻氧膜可以几乎阻隔氧气进入青贮料，最大程度降低了青贮贮存的营养成分损失，而普通聚乙烯膜只是部分阻隔氧气进入青贮料。因此，建议制作青贮时使用阻氧膜，减少青贮的损失（图6-12至图6-14）。

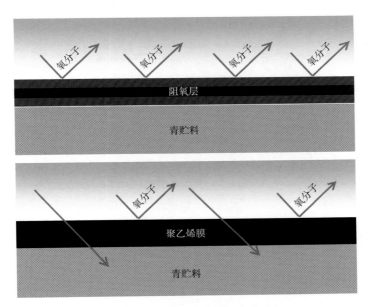

图6-12　阻氧膜的阻氧效果示意

根据青贮膜的用途不同，又可分为青贮顶膜、墙膜等，青贮窖墙膜和顶膜铺设效果如图6-13和图6-14所示。

图6-13　青贮窖墙膜铺设效果

图6-14　青贮窖顶膜铺设效果

三、青贮压窖材料的种类

为了进一步增加密封效果，防止物理损伤，许多牧场采用青贮防护网、毡布、棉被、碎石袋等新的密封压窖材料（图6-15和图6-16）。

图6-15 压窖碎石袋

图6-16 压窖轮胎

四、青贮覆膜用量和准备

根据青贮窖的长度和宽度计算青贮膜的数量，青贮膜的长度一般可根据青贮窖形状的实际需要进行剪裁，青贮窖形状剖面见图6-17。因为青贮的高度一般都会高出窖墙的高度，所以青贮膜的宽度一般要比实际窖宽增加2m以上。若青贮窖较宽，需将两块膜拼接到一起，则膜的宽度比窖的宽度增加4m左右，因为两块膜拼接的地方需要重叠1～2m。

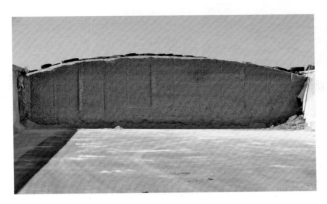

图6-17　青贮窖纵切剖面

为了更好地达到青贮密封效果，通常建议青贮窖的四周使用碎石袋进行密封，碎石袋的数量根据青贮窖的周长进行计算，青贮窖顶层可以使用轮胎或碎石袋压窖，轮胎要求摆满整个青贮窖顶（图6-18和图6-19）。

图6-18　轮胎斜面压窖

也可使用青贮防护网等新型材料替代传统黑白膜（图6-20）。

图6-19　轮胎窖顶压窖　　　　图6-20　青贮防护网压窖示意

五、覆膜

如图6-21所示，青贮密封过程中，主要涉及顶膜阻氧膜、墙膜、黑白膜或防护网几个部分，最后用轮胎或碎石袋压好。

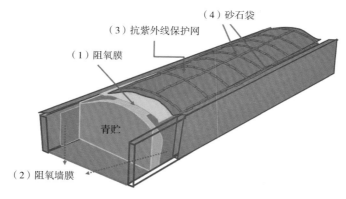

（4）砂石袋

（3）抗紫外线保护网

（1）阻氧膜

青贮

（2）阻氧墙膜

图6-21　青贮窖覆膜示意

（一）墙膜

青贮制作之前首先应铺设墙膜，铺设时可用胶水将膜与墙体黏在一起，避免压窖设备损坏墙膜，如果墙体粗糙，建议应先用机械打磨平整、垫铺塑料膜等处理后再铺墙膜。同时墙膜宽度应比墙体高度多1～2m，墙膜覆盖底部地面1m左右，防止雨水渗入直接接触底部青贮（图6-22至图6-24）。

图6-22　窖墙粗糙表面打磨

图6-23　篷布预处理后铺设墙膜

图6-24　墙膜覆盖底部地面

（二）顶膜

顶膜应该及时分段进行密封，墙膜和顶膜应至少重叠1.5m，同时用胶水或胶带密封，避免接缝部分有氧气长期渗入造成营养成分损失增加（图6-25）。

图6-25　膜与膜之间重叠并密封

（三）黑白膜或抗紫外线防护网

青贮窖顶采用双层顶膜密封方法，在阻氧膜或者普通青贮顶膜上层覆盖黑白膜或抗紫外线防护网，保护内层顶膜免受紫外线或者其他物理损伤（图6-26和图6-27）。

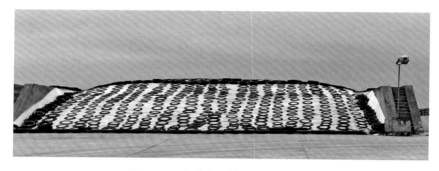

图6-26　青贮窖顶铺设黑白膜效果

图6-27　青贮窖顶铺设防护网示意

第三节　封　窖

完成覆膜后就可以铺盖轮胎进行封窖，牧场在封窖时，需集中牧场人力物力快速完成封窖。对于大型青贮窖/堆，牧场也可以采用分段封窖的方法，每压实20～50m进行一次封窖，具体根据牧场实际情况进行选择（图6-28至图6-39）。需要注意的是在封窖时，我国部分北方牧场12月至翌年1月使用的青贮，可以在阻氧膜或者普通透明膜上压盖棉被，降低表层冰冻损失。

图6-28　覆膜后轮胎压实封窖

图6-29　集中人力快速封窖

图6-30　轮胎均匀封窖

图6-31　地上窖两层膜覆盖+切半轮胎封窖

图6-32　切半轮胎交叠紧密封窖

图6-33　塑料布边角与地面接触的
地方用沙泥压紧

图6-34　坡度处使用尼龙绳捆绑轮胎防滑

图6-35　窖墙刷胶防雨水渗透

图6-36　边角使用青贮袋密封

图6-37　密封好的青贮窖

图6-38　覆膜破损

图6-39　压封不严

　　推荐选用切割的轮胎进行压窖。因为整个轮胎风吹日晒容易藏污纳垢，取用青贮时，轮胎里面的污水等容易污染青贮饲料，影响青贮质量。

第七章

青贮窖的管理和青贮饲料取用

第一节　青贮窖的管理

　　青贮窖日常管理也很重要，工作中要经常检查覆盖青贮膜有无开裂老化现象，特别是大风天查看是否有刮开，每周至少检查3次，遇到天气突变要及时检查维护。同时定期检查黑白膜是否有洞，及时用胶带密封（图7-1和图7-2）。定期检查压膜轮胎是否移位，窖头是否压实，发现移位或压实不好立即进行维护。定期检查青贮窖墙体是否开裂和漏气。遇到异常情况，小问题自行解决，大问题上报牧场相关人员进行修复。

图7-1　驱鸟设施

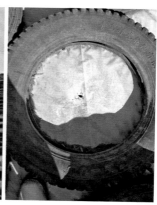

图7-2　黑白膜修补

青贮过程中青贮料的营养物质损失，直接损害青贮饲料的营养价值，严重影响青贮料制作效果和青贮料的品质。在青贮制作过程中，如果不按规范操作，管控不到位，其营养物质的损失往往非常大。

第二节　青贮饲料取用

一、取用的速度

　　由畜群的大小和青贮窖的宽度决定。夏季的取用量通常为整个窖宽表面的30～45cm厚的青贮料，冬季的取用量通常为整个窖宽表面的15～20cm厚的青贮料。最少每3天打开一个新的断面。

二、青贮取用设备及效果

　　青贮取用设备及效果如图7-3所示，如果取用方法不正确，会造成青贮二次发酵（图7-4）。

图7-3　青贮取用设备及取用后效果

图7-4　青贮料不正确取用

三、青贮二次发酵

取用青贮窖中的青贮料，操作不规范或者方法错误，易造成青贮料二次发酵，显著影响青贮窖中青贮料的品质。通过近红外光谱测定，稳定的青贮无损失，不稳定青贮出现2%的损失，发热青贮出现6%的损失（图7-5）。

稳定的青贮　　　　不稳定青贮　　　　发热青贮

图7-5　青贮二次发酵

四、开窖

开窖使用时，使用轮胎或者碎石袋压住边缘，防止空气从窖顶进入，破坏青贮质量，如图7-6所示。

图7-6 边缘压窖效果对比

第八章

质量安全相关法规和标准

青贮玉米作为越来越重要的一类饲料，在畜牧养殖中的质量安全监管及生产使用，需要严格遵守《中华人民共和国畜牧法》《饲料和饲料添加剂管理条例》《乳品质量安全监督管理条例》等法律法规的规定。同时，对于青贮玉米的生产、制作及养殖技术应用等，国家配套出台了多项相关的标准、规范、规章和制度，逐一细化各项操作流程、要求办法和技术要点，各地也相应出台与青贮玉米或青贮饲料相关的地方标准和规章制度等，切实延伸青贮玉米的管理和技术推广应用。近年来，特别是国家实行种植业结构调整战略，全面实施"粮改饲"行动，强化以养带种、种养结合方式，布局奶牛、肉牛、肉羊等草食畜牧业发展，极大推动了青贮玉米在全国适宜地区的种植和使用。本章将我国青贮玉米相关的标准、规范、规章、制度及新近政策进行简要介绍。

第一节　青贮玉米技术标准和规范

（一）《饲料卫生标准》（GB 13078—2017）

青贮玉米中的有毒有害物质等的质量安全要求，需遵从国家强制标准《饲料卫生标准》（GB 13078—2017）相关条款的规定。

（二）《青贮玉米品质分级》（GB/T 25882—2010）

青贮玉米的质量和品质影响其饲用营养价值。国家推荐标准《青贮玉米品质分级》（GB/T 25882—2010），通过青贮玉米的感官情况、水分含量以及中性洗涤纤维、酸性洗涤纤维、淀粉、粗蛋白等指标的不同，对青贮玉米进行品质评价和分级，指导青贮玉米的生产和应用。

（三）《饲草青贮技术规程　玉米》（NY/T 2696—2015）

青贮玉米的生产、制作和应用离不开具体规范的技术操作，为保障青贮玉米的高质量和好品质，国家农业行业标准《饲草青贮技术规程　玉米》（NY/T 2696—2015）规定了青贮玉米的贮前准备、原料、切碎、装填与压实、密封、贮后管理、取饲等技术要求，指导生产应用。

（四）《青贮饲料　全株玉米》（TCAAA 005—2018）

为加强青贮玉米在畜牧行业生产中的指导和推广应用，中国畜牧业行业协会组织制定了《青贮饲料　全株玉米》（TCAAA 005—2018）的团体标准，规定了全株玉米青贮的质量指标、质量分级及质量测定方法等内容，更加细化青贮玉米的质量评价和分级，引导青贮玉米在行业中向高质量方向发展。

（五）农业部《2017年青贮玉米生产技术指导意见》

为充分发挥青贮玉米在种养结合等方面的优势，助力玉米种植结构调整和农业供给侧结构性改革，农业部组织专家制定了2017年青贮玉米生产技术指导意见。青贮玉米是指在最佳收获期将包括果穗在内的玉米地上部植株收获，经过整株切碎、加工或贮藏发酵，并以一定比例配置成用以饲喂以牛、羊为主的草食家畜的饲料作物。《全国种植业结构调整规划（2016—2020年）》提出，按照以养带种、以种促养的原则，因地制宜发展青贮玉米，到2020年达到2 500万亩。《2017年青贮玉米生产技术指导意见》主要从六个方面要求，指导全国青贮玉米生产：一是因地制宜，科学布局。按照资源禀赋和种养结合的要求，突出优势区域，科学安排布局，结合当地畜牧业发展规模和种植习惯，鼓励有条件的种植大户、家庭农场、农民合作社，发展订单生产、规模化种植，做到以养带种、以种促养。二是优选良种，合理搭配。因地制宜选择适宜当地种植的成熟期适宜、生物产量高、干物质含量高、青贮品质优、持绿性好、耐密抗倒、抗病抗逆、适应性广的优质专用型或粮饲兼用型青贮玉米品种。根据养殖及市场需要，结合当地自然气候特点，合理安排春播、夏播或一年两茬的青贮玉米生产，做到播期合理、熟期搭配。三是精量播种，适当增密。选用发芽势强、活力高、适宜单粒精播的高质量种子，通过单粒精量播种机进行单粒精量播种，严把播种质量关，确保一播全苗，提高群体整齐度。种植密度可比普通籽粒玉米品种适当增加，一般亩增500株左右，亩保苗5 000株左右。规模化种植时，科学制定种植计划，分期播种，以便实现适期分批收获。四是肥水运筹，加强田管。根据土壤肥力、产量目标及品种需肥特点等，科学施用基肥、种肥和追肥，提高青贮产量。推荐雨养旱作种植，关键生育期遭遇干旱可适度进行节水灌溉。注意防治玉米螟等病虫害，提高青贮品质。五是适期机收，稳产保质。专用青贮玉米的最适收获期为乳熟末期至蜡熟初期，全株含水率平均为65%～70%，干物质含量达到30%以上。如以籽粒乳线位置作为判别标准，乳线处于1/3～1/2时适期机械收割。收获过早，则植株含水量高、干物质低；收获过晚，则酸性洗涤纤维增高、消化吸收率降低，同时因水分降低、不易压紧，导致青贮发霉变质、品质下降等。六是及时青贮，密封备用。及时、高质量地进行青贮是制作优质青贮饲料的重要环节。收割后及时运到加工地点，尽可能做到当

天收割当天加工贮存。根据实际情况，因地制宜选择青贮窖、青贮壕、青贮塔、青贮裹包等合适的青贮方式。将青贮玉米秸秆切碎至小于2cm、籽粒全部压碎，及时装填，均匀压实，要严密封窖，防止漏水漏气。密闭发酵6～7周，开窖质检合格后即可饲喂家畜。

（六）《全株玉米青贮霉菌毒素控制技术规范》（NY/T 3462—2019）

为加强全株玉米青贮饲料管理，农业农村部于2019年8月1日发布了行业标准《全株玉米青贮霉菌毒素控制技术规范》（NY/T 3462—2019），明确了从青贮饲料田间生产—收获—加工—贮存及取用各环节霉菌毒素的控制技术措施。该标准的发布与实施将有效降低全株玉米青贮饲料中霉菌毒素污染，有利于我国青贮饲料质量安全水平的全面提升。

第二节 青贮玉米产业政策

（一）农业部《全国种植业结构调整规划（2016—2020年）》

2016年，农业部印发了《全国种植业结构调整规划（2016—2020年）》（以下简称《规划》），扎实推进农业供给侧结构性改革，努力提高农业供给体系的质量和效率。关于品种结构与区域布局的总体考虑：品种结构和区域布局是《规划》的核心内容。综合考虑资源禀赋、生态条件、产业基础、种植效益、市场需求等因素，进一步优化品种结构和区域布局。从品种结构调整看，粮食，重点是保口粮、保谷物，口粮重点发展水稻和小麦，优化玉米结构，因地制宜发展食用大豆、薯类和杂粮杂豆。饲草作物，以养带种、多元发展，根据养殖生产的布局和规模，重点发展青贮玉米，到2020年，青贮玉米面积达到2 500万亩。因地制宜发展优质苜蓿、饲用燕麦、黑麦草、饲用油菜等优质饲草饲料，逐步建立粮经饲三元结构。扩大粮改饲试点，粮改饲试点范围扩大到整个"镰刀弯"地区和黄淮海玉米主产区，支持规模化牛羊养殖场、饲草料企业收贮全株青贮玉米等优质饲草料。采取以养带种、种养结合的方式，开展青贮玉米、饲用燕麦、甜高粱等优质饲草作物种植，由牛羊等草食家畜就地转化，推动构建粮经饲统筹、种养加一体、农牧结合的农业发展格局（详见农业农村部官网http：//www.gov.cn/zhengce/2016-04/28/content_5068865.htm）。

（二）农业部办公厅2017年农业主推技术——全株玉米青贮制作技术

2017年，农业部办公厅印发《关于推介2017年农业主推技术的通知》。为深入贯彻中央农村工作会议、中央1号文件和全国农业工作会议，大力实施创新驱动发展战略，加快农业先进适用技术推广应用，提升农业科技对产业发展的贡献度，农业部组织遴选了符合绿色增产、资源节约、生态环保、质量安全等要求的2017年100项农业主推技术，要求各省农业部门要高度重视，加大农业主推技术推广应用力度。在农业主推技术适用范围内，以农业县为单位、以基层农技推广体系改革与建设补助项目等实施为支撑，形成主推技术操作规范，落实示范推广主体，加强示范展示和推广应用，让广大农户和新型农业经营主体看得懂、学得会、有成效，促进农业科技快速进村、入户、到田。其中，全株玉米青贮制作技术在第二大类资源节约类技术中重点列出（详见农业农村部官网http：//www.moa.gov.cn/nybgb/2017/dlq/201712/t20171231_6133709.htm）。

（三）农业农村部2020年畜牧产业扶贫和援藏援疆行动方案中粮改饲是重点

2020年，农业农村部办公厅关于印发《2020年畜牧产业扶贫和援藏援疆行动方案》的通知，指出继续组织开展畜牧产业扶贫和援藏援疆行动，在第一大项持续推进畜牧产业扶贫，实现稳定增收的举措中，明确重点实施好粮改饲项目，继续支持贫困地区牛羊养殖场户和专业化服务组织实施粮改饲项目，收贮利用青贮玉米等优质饲草，大力发展草食畜牧业（详见农业农村部官网http：//www.moa.gov.cn/nybgb/2020/202004/202005/t20200506_6343101.htm）。

（四）农业农村部财政部继续支持青贮玉米收储工作

2020年，农业农村部财政部联合印发《关于做好2020年农业生产发展等项目实施工作的通知》，出台农业生产发展资金项目实施方案，明确中央财政农业生产发展资金主要用于对农民直接补贴，以及支持农业绿色发展与技术服务、农业产业发展、农业经营方式创新等方面工作。在第五项任务，推动奶业振兴和畜牧业转型升级中，强调积极推进实施粮改饲，以北方农牧交错带为重点，支持牛羊养殖场（户）和饲草专业化服务组织收储青贮玉米、苜蓿、燕麦草等优质饲草，通过以养带种的方式加快推动种植结构调整和现代饲草产业发展（详见农业农村部官网http：//www.jcs.moa.gov.cn/trzgl/202004/t20200420_6341967.htm）。

（五）农业农村部社会资本投资农业农村指引支持青贮玉米

2020年，农业农村部印发《社会资本投资农业农村指引的通知》，在投资的重点产业和领域指出，对标全面建成小康社会和实施乡村振兴战略必须完成的硬任务，立足当前农业农村新形势新要求，围绕农业供给侧结构性改革，聚焦农业农村现代化建设的重点产业和领域，促进农业农村经济转型升级。特别在现代种养业中，强调鼓励社会资本大力发展青贮玉米、高产优质苜蓿等饲草料生产，发展草食畜牧业。鼓励社会资本建设优质奶源基地，升级改造中小奶牛养殖场，做大做强民族奶业（详见农业农村部官网http：//www.moa.gov.cn/govpublic/CWS/202004/t20200415_6341646.htm）。

（六）农业农村部2020年畜牧兽医工作要点强调大力发展全株青贮玉米

2020年，农业农村部办公厅关于印发《2020年畜牧兽医工作要点》的通知，要求积极推进种养结构调整。以北方农牧交错带为重点，继续实施粮改饲，大力发展全株青贮玉米、苜蓿、燕麦草等优质饲草生产，力争全年完成1 500万亩以上。培育筛选优质草种，推广高效豆禾混播混储饲草生产模式。培育发展优质饲草收储专业化服务组织，示范推广优质饲草料的规模化生产、机械化收割、标准化加工和商品化销售模式，加快推动现代饲草产业发展。落实好农牧民补助奖励政策，加强政策培训和指导服务（详见农业农村部官网http：//www.moa.gov.cn/nybgb/2020/202003/202004/t20200416_6341662.htm）。

参考文献

李菲菲，张凡凡，王旭哲，等，2019. 同/异型发酵乳酸菌对全株玉米青贮营养成分和瘤胃降解特征的影响[J]. 草业学报，28（6）：128-136.

王亚芳，姜富贵，成海建，等，2020. 不同青贮添加剂对全株玉米青贮营养价值、发酵品质和瘤胃降解率的影响[J]. 动物营养学报，32（7）：1-7.

Schmidt R J，Kung L J，2010. The effects of *Lactobacillus bunchneri* with or without a homolactic bacterium on the fermentation and aerobic stability of corn silages made at different locations[J]. J. Dairy Sci.，93：1 616-1 624.